BEI GRIN MACHT SICH IHR WISSEN BEZAHLT

- Wir veröffentlichen Ihre Hausarbeit,
  Bachelor- und Masterarbeit

- Ihr eigenes eBook und Buch -
  weltweit in allen wichtigen Shops

- Verdienen Sie an jedem Verkauf

Jetzt bei www.GRIN.com hochladen
und kostenlos publizieren

Bibliografische Information der Deutschen Nationalbibliothek:

Die Deutsche Bibliothek verzeichnet diese Publikation in der Deutschen National-
bibliografie; detaillierte bibliografische Daten sind im Internet über http://dnb.d-
nb.de/ abrufbar.

Impressum:

Copyright © 2014 GRIN Verlag, Open Publishing GmbH
Druck und Bindung: Books on Demand GmbH, Norderstedt Germany
ISBN: 978-3-668-06381-5

Dieses Buch bei GRIN:

http://www.grin.com/de/e-book/307229/verbreitung-typen-und-landnutzung-sub-
tropischer-und-tropischer-trockengebiete

Sabrina Bichler

Verbreitung, Typen und Landnutzung subtropischer und tropischer Trockengebiete

GRIN Verlag

Universität Passau

Lehrstuhl Physische Geographie

Ökozonen der Erde

Tropisch/subtropische

Trockengebiete

Vorname, Name: Sabrina, Bichler

Studiengang: Lehramt Realschule

Studienfächer: Wirtschaftswissenschaften/Geographie

Fachsemester: 4

Inhaltsverzeichnis

1. Einleitung

Der Begriff der Ökozone, der erstmals von Jürgen Schultz eingeführt wurde, ist ein vorwiegend geowissenschaftlicher Begriff für die Großräume der Erde und ermöglicht die Einteilung der Zonen nach mehreren naturräumlichen Kriterien wie Klimagenese, Boden und Bodenbildungsprozesse, Vegetation, Tierwelt und agrare Nutzung. Schultz unterteilt die Großräume der Erde in 9 Ökozonen, nämlich in polare/subpolare Zone, boreale Zone, die feuchten Mittelbreiten, trockene Mittelbreiten, die winterfeuchten Subtropen, die immerfeuchten Subtropen, die tropisch/subtropischen Trockengebiete, die sommerfeuchten Tropen sowie die Zone der immerfeuchten Tropen (vgl. SCHULTZ, 2002). Diese Arbeit beschränkt sich auf die tropisch/subtropischen Trockengebiete und wird, um ein besseres Verständnis zu geben, in subtropische Steppen, subtropische/tropische Wüsten und Dornsavannen gegliedert und dabei jeweils auf die naturräumlichen Kriterien (Klima, Boden und Bodenbildung, Vegetation sowie Tierwelt) eingegangen. Die Landnutzung soll als letzten Punkt der Arbeit den kulturräumlichen Aspekt der drei Arten der Trockengebiete abrunden.

2. Verbreitung und subzonale Unterscheidung der tropisch/subtropischen Trockengebiete

Die tropisch/subtropischen Trockengebiete liegen zwischen den subtropischen Winterregengebieten und den tropischen Sommerregengebieten, etwa zwischen dem 15. und 35. Breitengrad, sowohl auf der Nord- als auch auf der Südhalbkugel (vgl. Abb. 2). Die Gesamtfläche beläuft sich auf 31 Mio. km^2. In dieser Zone dominieren v.a. Wüsten und Halbwüsten, in den semiariden Randgebieten zu den humiden Nachbarzonen folgen sommerfeuchte Dornsavannen und Dornsteppen und die winterfeuchten Gras und Strauchsteppen (vgl. SCHULTZ, 2000).

	der Grenze zwischen	entspricht ein Jahresniederschlag (mm) von etwa
Äquatorwärts	Wüste – Halbwüste	125
	Halbwüste – Dornsavanne	250
	Dornsavanne – Trockensavanne (*Sommerfeuchte Tropen*)	500
Polwärts	Wüste – Halbwüste	100
	Halbwüste – Winterfeuchte Steppen	200
	Winterfeuchte Steppen – Hartlaub – Strauchformationen (*Winterfeuchte Subtropen*)	300

Abb. 1 Niederschlagsbedingte Unterteilung Tropischer/subtropischer Trockengebiete. (Quelle: SCHULTZ 2000, 365).

Die Grenzen zu den feuchteren Nachbarzonen folgen in etwa den in der Abbildung 1 genannten Jahresniederschlägen. „Die niedrigeren Schwellenwerte in den polwärtigen Grenzgebieten erklären sich aus den dort geringeren Lufttemperaturen und dementsprechend geringeren Transpirationsbelastungen für die Pflanzen" (SCHULTZ 2000, 364).

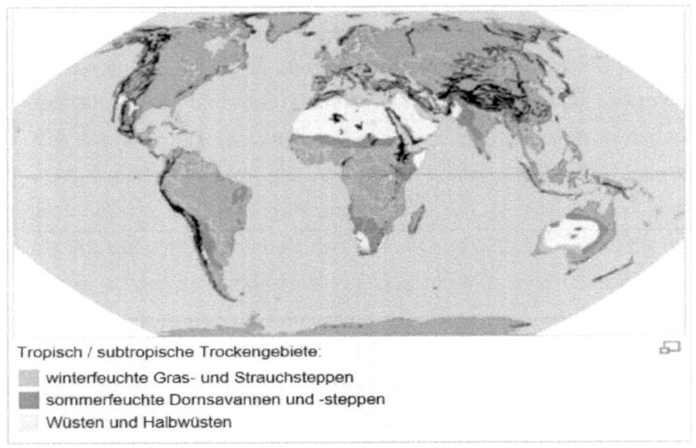

Abb. 2 Verbreitungsgebiet der Tropisch/subtropischen Trockengebiete (Quelle: https://upload.wikimedia.org/wikipedia/ commons/thumb/4/4c/%C3%96kozone_Tropische_und_subtropische_Trockengebiete.png/440px-%C3% 96kozone_Tropische_und_subtropische_Trockengebiete.png).

3. Typen der Trockengebiete

3.1 Subtropische Steppen

Allgemein definiert sind Steppen nach (HORNETZ & JÄTZOLD 2003, 139) „trockenheitsbedingte Grasländer außerhalb der Tropen".

Zu den subtropischen Steppen zählen vor al-lem die winterfeuchten Gras- und Strauchsteppen sowie die sommerfeuchten Dornstep-pen. Ihre Verbreitung der letzteren genannten Steppenart liegt hauptsächlich östlich der sub-tropischen Wüsten und Halbwüsten und im Übergangsbereich zu den immerfeuchten Sub-

tropen, wo sie äquatorwärts in die Dornsavan-nen übergehen. Die polwärtigen Bereiche der Dornsteppe gehen unmittelbar in die trockenen

Mittelbreiten über, wo sie sich an die Wüstensteppen anschließen. Bei Wüstensteppen handelt es sich um sehr trockene Dornsteppen, wie etwa die im Grenzgebiet USA-Mexiko und im

Iran. Dornsteppen finden sich neben Nord- und Mittelamerika auch in Südamerika. Hier vor allem in Brasilien, Argentinien und kleine Gebiete an der Küste von Kolumbien und Venezuela. In Afrika dominieren sie im nördliche Sahel sowie Eritrea-Somalia und die Massaisteppe in Tansania und Kenia. Außerdem kommen sie in Australien und in Asien vor allem auf der Arabischen Halbinsel vor (vgl. SCHULTZ, 2000). Kleinere winterfeuchte Gras- und Strauchsteppen, vgl. Abb. 3, sind in den Subtropen an der Westseite der Kontinente zu finden. Sie schließen sich dort polwärts an die tropisch/subtropischen Halbwüsten und Wüsten an, wo sie meist einen schmalen Übergangsraum zu den Hartlaubgehölzen der winterfeuchten Subtropen bilden (vgl. HORNETZ & JÄTZOLD, 2003).

3.1.1 Klima

Die Zone der tropisch/subtropischen Gebiete kennzeichnet sich durch hohen Luftdruck der ganzjährig herrscht. Die Luftmassen der ITC steigen am Äquator auf und sinken zwischen 15° und 35° Breite wieder ab. Dabei entsteht ein ständig heißes und trockenes Wetter (vgl. ZECH & HINTERMAIER-ERHARD, 2002). Im Winter reichen noch die Westwindzyklonen in diese Zone hinein, während sich im Sommer die Passathochs über diese Gebiete verlagern und dabei meist 6 bis 10 aride Monate erreichen. Die Niederschläge haben hier eine größere Regelmäßigkeit als in den Wüsten. So fallen in den kühleren Wintern etwa 150 bis 350 mm Niederschlag bei maximal 2 humiden Monaten und kann in den Hochplateaus Frost bringen. Ist der Niederschlag weniger als zu vor genannt, gehen die Steppen in die Halbwüsten, bzw. die Dornsteppen in die Dornsavannen über (vgl. HORNETZ & JÄTZOLD, 2003). Wie auch in den Wüsten ist die Luftfeuchtigkeit und die Bewölkung der subtropischen Steppe sehr gering und die Globalstrahlung dadurch sehr hoch. Sie sind also von langen, heißen und trockenen Sommern und milden, feuchten Wintern geprägt (vgl. SCHULTZ, 2000). Ein Beispiel zeigt das Klimadiagramm in Abb. 3 von Marrakesch, mit heißen Monaten (Juni bis August) und kaum Niederschläge. Dagegen deutliche Niederschläge und milden Temperaturen im Winter.

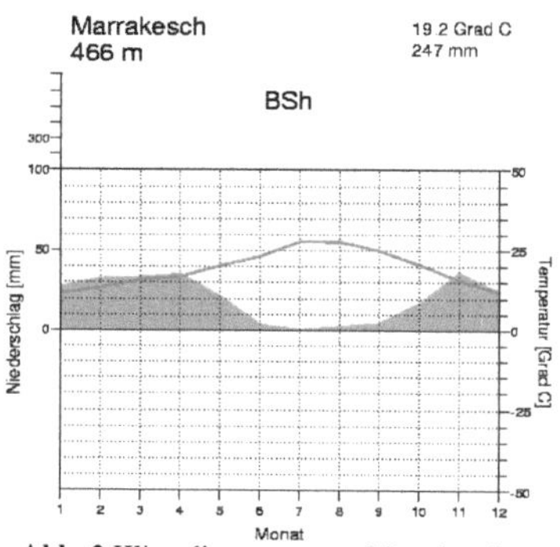

Abb. 3 Klimadiagramm von Marrakesch. (Quelle: http://homepage.univie.ac.at/gottfried.menschik/Klima-%20und%20Vegetationszonen.ppt).

3.1.2 Bodenbildung/Relief

Wie auch die Böden der Dornsavannen haben die subtropischen Steppen einen sehr geringen Humusgehalt von etwa 2-5 %, was einen kastanienfarbigen Steppenboden entstehen lässt. Der Faktor Wasser spielt für die Bodengenese eine wichtige Rolle, da durch Wasser die Oberflächenablüsse nach Regenfälle und damit verbundene Abspülung und Sedimentation beträchtliche Feuchteunterschiede im Boden bewirken kann und somit enorme Materialumlagerungen stattfinden. Am meisten verbreitet sind die Bodentypen Arenosols, Vertisols, Luvisols, Regosols, Solonetze und Calcisols, Gypsisols und Durisols, die sich im Übergangsbereich zu den winterfeuchten Subtropen unter dem Winterklima bilden. In Abb. 4 werden einige Bodentypen der tropisch/subtropischen Trockengebiete aufgezeigt.

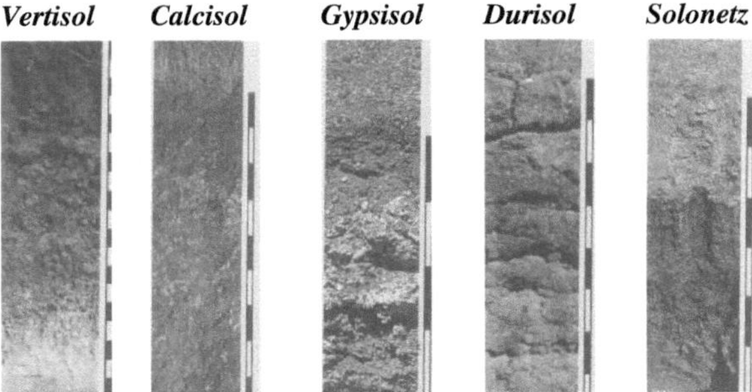

Abb. 4 Bodentypen in den tropisch/subtropischen Trockengebieten.
(Quelle verändert nach: SCHEFFER & SCHACHTSCHABEL, 2010).

Arenosols sind sandige feinkornarme Böden, die sich durch Verwitterung aus quarzreichen Gesteinen und durch den Wind umgelagerten Sanden entwickelt haben. Regosols sind humusarme Böden aus Lockermaterial, die auch in den Wüsten, Halbwüsten und Dornsavannen häufig auftreten. Lössdecken, die durch Windablagerungen von Staub entstehen, treten beispielsweise in den Steppen auf, da das Feinmaterial aus den Wüsten ausgeweht wird (vgl. SCHULTZ, 2002). Dabei handelt es sich um kalkreiches Sediment. Die Oberflächenformung findet, ebenso wie in den Wüsten und Dornsavannen, durch Insolationsverwitterung, also durch Temperatursprengung aufgrund starker Temperaturunterschiede und Flächenspülung (Denudation) statt. Vor allem in bergigen Wüstensteppen lagert sich das Verwitterungsmaterial durch flächige Abspülung am Fuße des Berges an, sodass sich Fußflächen (Pedimente) ausdehnen (vgl. HORNEZT & JÄTZOLD, 2003). Diese Ablagerungsform wird als aridmorphologische Catena bezeichnet und in Abb. 5 verdeutlicht. Nach (SCHULTZ 2000, 375) wird „mit zunehmender Entfernung vom Bergfuß [ ] das von der Spüldenudation umgelagerte Material feinkörniger und seine Auflage auf dem unterliegenden Gestein in dem Maße mächtiger, in dem die Abtragung immer stärker von der Akkumulation übertroffen wird". Ebenso treten Steppen in Ebenen wie z. B. das Tiefland der Pampa, das Hochland der Schotts in Nordafrika, das Binnenhochland Südafrikas und die Schwemmländer in Australien auf. Diese können regenzeitlich zu flachen (Salz-) Seen werden und sind dann mit einer mehreren Zentimeter dicken Salzkruste bedeckt.

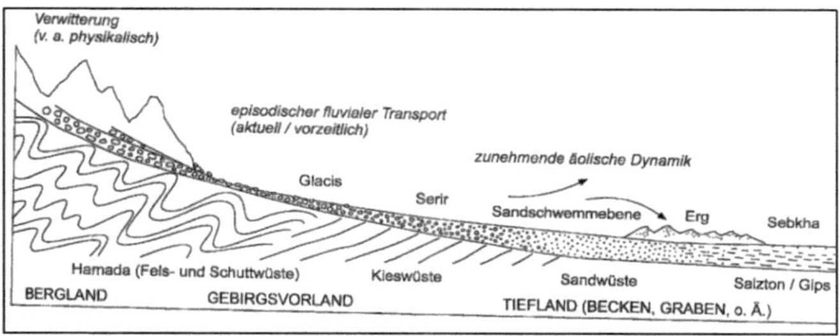

Abb. 5 Arid-geomorphologische Catena. (Quelle: BLÜMEL 2013, 141).

3.1.3 Vegetation

Die Flora der winterfeuchten Gras- und Strauchsteppen unterscheidet sich sehr von den Steppen der mittleren Breiten. Sie gehören zu den mediterranen Arealtypen oder zu Arealtypen der tropisch/subtropischen Trockengebiete. Auf die Halbwüsten folgen bei einem Deckungsgrad von über 50 % die Strauch-, Gras-, und Dornsteppen bzw. Dornsavannen. Diese Vegetationsbedeckung, wie auch die in den Wüsten und Dornsavannen, hängen vom Wasserangebot und der Salzanreicherung im Boden ab (vgl. SCHULTZ, 2000). In den subtropischen Bereichen des trockenen Steppenklimas gibt es sehr viele Holzgewächse, da aufgrund der feuchten Regenzeitmonate Überschüsse im Boden entstehen und gespeichert werden. Deshalb ähneln sie auch mehr den tropischen Savannen (vgl. HORNETZ & JÄTZOLD, 2003). In arideren Gebieten bei 150-200 mm und 10-11 trockenen Monaten dominieren Zwergstrauchsteppen mit Wermutarten, dornigen Klein- und Halbsträucher und Sukkulenten, wie Kakteen und Euphorbien und vereinzelt auch Bäume mit geringer Wuchshöhe, wie die Acacia. Generell bleibt die Wuchshöhe der Krautschichten unter 80 cm und Bäume werden 5 bis 10 m hoch (vgl. SCHULTZ, 2000). Sie findet man im Übergangbereich von den sommertrockenen Steppen zu den Halbwüsten, wie in Nordafrika oder Südkalifornien und verteilen sich mehr diffus als kontrahiert. Typisch für die Zwergsträucher ist der silbrige Glanz, der durch dichten Haarfilz vor Verdunstung schützen soll und ein tiefreichendes Wurzelwerk besitzt (vgl. HORNETZ & JÄTZOLD, 2003). Die einjährigen Pflanzen sind meist winterannuel und bilden regenzeitlich auffällige Blütenteppiche. In einigen Gebieten Nordafrikas und Spaniens treten karge Grasfluren z. B. Halfa und Esparto auf. Allgemein sinken mit abnehmenden Niederschlägen die Anteile der holzigen Pflanzen, insbesondere die der Sträucher und Halbsträucher und sind in den Wüsten mehr vertreten als in den Grassteppen oder Dornsavannen. Beispiele zu den Vegetationsformationen gehörenden Regionen sind das Mesquita-Grasland im Süden Nordamerikas, das Buschland Gran Chao und die Monte-Vegetation in Südamerika, sowie das Buschveld in Südafrika (vgl. SCHULTZ, 2000).

3.1.4 Tierwelt

Typische Tiere in den subtropischen Steppen sind Kamele, Schafe und kleine Nagetiere, wie die Kaninchen und die in der südamerikanischen Pampa lebenden Meerschweinchen. Aber auch eine reichhaltige Insekten und Spinnenfauna ist für Steppen charakteristisch. Dazu zählen Termiten, Wespen, Spinnen, Ameisen und Heuschrecken (vgl. SCHULTZ, 2000). Zu den Raubtieren gehören in Nordamerika Kojoten, in Südamerika Pampawölfe und in Australien Dingos, sowie die Steppenfüchse im nördlichen Iran. Zu der Kriechtierfauna der subtropischen Steppen zählen unter anderem Warane, die besonders in Australien dominieren. Die in den ost- und südwestafrikanischen Savannen lebenden Schlangen und Kriechtiere haben sich in den Steppen Südafrikas verbreitet. Auch Raubvögel, wie der Steppenadler oder viele Laufvögel wie Strauße in Südafrika, Nandus in Südamerika oder die Emus in Australien, haben sich dort entwickelt. Wie später in 3.3.4 noch erwähnt wird, kommen auch größere Lebewesen, die vermehrt in den Dornsavannen leben, auch in den Dornsteppen vor. Ein Beispiel wären Giraffen und Zebras (vgl. HORNETZ & JÄTZOLD, 2003). Die Überlebensstrategien von den in den subtropischen Steppen beheimateten Tieren werden in 3.2.4 näher eingegangen.

3.2 Subtropisch/tropische Wüsten

Wüsten und Halbwüsten nehmen laut (BLÜMEL, 2013) etwa ein Fünftel der Kontinentflächen ein, wie etwa die Sahara in Nordafrika, die Atacama in Südamerika, die Mojave-Wüste in Kalifornien oder die Kalahari im südwestlichen Afrika. Im wissenschaftlichen Sprachgebrauch sind Wüsten vegetationsarme oder vegetationslose Gebiete, in der langfristig die potentielle Verdunstung den Niederschlag übertrifft und so als arid gelten.

(BLÜMEL 2013, 18) definiert Wüsten als „ein Gebiet, das infolge geringfügiger oder gar fehlender Niederschläge nur eine sehr geringe Vegetation mit erheblichen Zwischenräumen zwischen den einzelnen Pflanzen aufweist". Das heißt, wenn weniger als 10 % der Fläche keine dauerhafte Vegetation besitzt oder sich nur stellenweiser Bewuchs zeigt. Dabei lassen sich zwei Erklärungen anführen. Zum einen die Trockenheit in Trockenwüsten bzw. heißen

Wüsten und zum anderen der Wärmemangel in Kältewüsten. Diese Arbeit beschränkt sich auf die Trockenheit als Wesensmerkmal von Wüsten.

Zwischen 20° und 40° beiderseits des Äquators liegen die heißen subtropisch/tropischen Wüsten, die als klimatische Wüsten eingestuft werden und auch als Passatwüsten oder Wendekreiswüsten benannt werden. Hierzu gehören die Sahara, die Arabische Halbinsel, Teile Australiens und Teile der Atacama in Südamerika. Des Weiteren gehören sogenannte Küstenwüsten, wie die Namib, ebenfalls zu den heißen subtropisch/tropischen ariden Gebieten, die aufgrund kalter Meeresströmungen an den Westseiten der Kontinente auftreten (vgl. BLÜMEL, 2013).

3.2.1 Klima

Das Klima der großen Passatwüsten oder Wendekreiswüsten wird hervorgerufen von absinkender Luft, die zur Hadley-Zelle gehören und den Hochdruckgürtel der subtropisch/tropischen Randzonen bildet. In den Küstenwüsten beeinflussen kalte Meeresströmungen und der Auftrieb von Meerwasser durch die ablandigen Passatwinde nahe der Küsten das dortige Klima, was zu häufiger Nebelbildung führt. Der Bewölkungsgrad in den Wüsten ist bei etwa 30 % und an manchen Stellen sogar bei 20 % sehr niedrig, wogegen wiederum die Sonneneinstrahlung und die Erwärmung der Luft sehr hoch ist (vgl. SCHULTZ, 2002). Die ungehinderte Sonneneinstrahlung sorgt für heftige thermische Konvektion

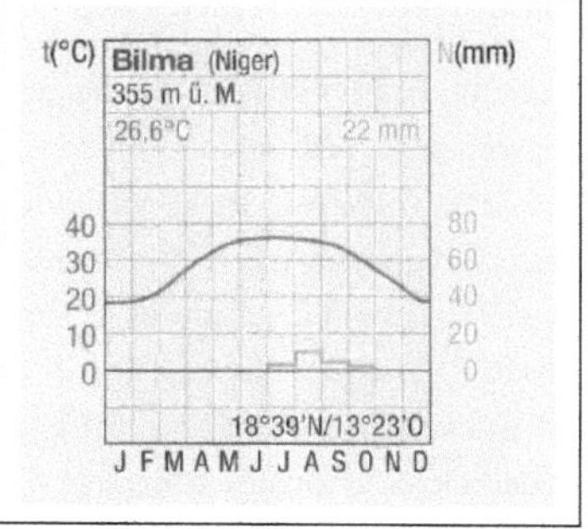

Abb. 6 Klimadiagramm.(Quelle: ENGELMANN & SCHOLTZ 2009, 82).

und starke Lufterwärmung (vgl. BLÜMEL, 2013). Dominantes Kennzeichen der heißen Wüsten ist die Niederschlagsarmut, wie das Beispiel Bilma im Niger in Abb. 6 zeigt. Die Eva-potranspiration überwiegt dabei um ein Vielfaches. Niederschlag fällt dabei episodisch sehr unzuverlässig und meist in Form von starken Schauern, sodass die Spanne von 0 mm in der südamerikanischen Atacama bis ungefähr 600 mm südwestlich von Madagaskar reicht. Re-gen, Nebel und Tau sind die Niederschlagsformen der tropisch/subtropischen Wüsten (vgl. BLÜMEL, 2013). Die Temperaturen der Wendekreiswüsten steigen tagsüber wegen der per-manenten Sonneneinstrahlung sehr stark an und können bis zu 50° C erreichen und nachts aufgrund fehlender Bewölkung und dadurch hoher Ausstrahlung auf wenige Grade über den Gefrierpunkt absinken. Hier herrscht ausgeprägtes Tageszeitenklima, d.h. die täglichen Tem-peraturschwankungen sind größer als die Jährlichen (vgl. BAUER et. al., 2001).

3.2.2 Bodenbildung/Verwitterung/Relief

Allgemein gilt der Boden im weitesten Sinne als belebter Teil der Verwitterungsdecke. Er trägt Pflanzen und enthält abgestorbene organische Substanzen. Die Bodenbildung entwickelt einen Horizontaufbau, der den örtlichen, klimatischen, biotischen und geogenen Faktoren entsprechen. Durch die niedrigen Niederschläge in den heißen Wüsten wachsen wenige Pflanzen, was zu einer niedrigen biotischen Aktivität, Biomasse und Humus führt und dadurch die Bodenbildung sehr langsam abläuft (vgl. BLÜMEL, 2013). In den meisten Gebieten handelt es sich aus diesem Grund um Mineralböden, sogenannte Rohböden (vgl. GOUDIE, 2002). So findet man in Wüsten und Halbwüsten wenig entwickelte Böden, wie die aus mittel- bis feinkörnigen Lockersubstraten der Regosols, die steinigen Rohböden der Leptosols, die schwach entwickelten, humusarmen Arenosols (Sande) sowie Gypsisols und Calcisols (vgl. SCHULTZ, 2000). In abflusslosen Senken, welche Zuschußwasser aus den randlichen Bereichen erhalten, bilden sich oft Salzkrusten. Diese entstehen durch den Prozess der Umkehr des Bodenwasserstroms, indem die im Unterboden gelösten Salze aufsteigen (vgl. MÜLLER-HOHENSTEIN, 1979).

In den Wüsten dominieren, wegen des Wasserdefizits, vor allem die physikalischen Verwitterungsprozesse, doch auch wenn der Oberflächenabfluss nur sehr selten ist, kommt es in Wüsten häufig zu Nebel, Taukondensation und gelegentlichen Niederschlägen, so dass auch die Prozesse der chemischen Verwitterung stattfinden können (vgl. ZEPP, 2014). Dies zeigt auch der vorhandene Salzgehalt der Böden und Verwitterungsprodukte. Mechanische bzw. physikalische Verwitterungsprozesse, wie Insolationsverwitterung bzw. Temperaturverwitterung und Salzverwitterung, finden auf geneigten Flächen statt, wo das anstehende Gestein immer wieder durch Abtragung freigelegt wird (vgl. SCHULTZ, 2000). Bei der Temperaturverwitterung ändern Gesteine und Mineralien aufgrund sehr starker täglicher Temperaturunterschiede ihr Volumen, was zu Spannungen zwischen Gesteinsinnerem und Gesteinsoberfläche führt (vgl. GOUDIE, 2002). Diese Spannungen entladen sich in „feinkörnigem Zerfall, [ ], Feinabschuppung, [ ], schaligem Abplatzen [ ] oder Blockzerfall [ ]" (SCHULTZ 2002, 264). Beispiele hierfür sind die Abschuppung und die Hitzesprengung. Die Salz-verwitterung oder auch Salzsprengung beruht auf dem Wachstum von Salzkristallen. Die aus der chemischen Verwitterung stammenden gelösten Salze gelangen mit dem Wasser in Risse oder Klüfte des Gesteins, wo sie durch Verdunstung auskristallisieren und so starke Expansi-onskräfte ausüben und das Gestein zerbrechen (vgl. PRESS & SIEVER, 2008). Unter be-stimmten Umständen geht die Anreicherung von löslichen Stoffen so weit, dass Hartrinden sogenannter Wüstenlack oder Tafoni entstehen (vgl. SCHULTZ, 2002). Durch die Prozesse der physikalischen Verwitterung werden die Festgesteine zerkleinert und größere Blöcke und Steine in Lockermaterial zerlegt (vgl. ZEPP, 2014).

Die Oberflächenformung in den Wüsten und Halbwüsten werden hauptsächlich durch äolische Prozesse, aber auch durch fluviale Prozesse gebildet. Ebenso spielt die Schwerkraft, bei der Weiterentwicklung des Wüstereliefs, eine wesentliche Rolle. Deflation, Korrasion und Akkumulation sind die drei Prozesse, die zur oberflächenformenden Tätigkeit des Windes gehören. Durch die Deflation wird selektiv Feinmaterial wie Sand, Ton oder Schluff ausgeweht und durch Saltation, Reptation oder Suspension transportiert (vgl. Abb. 7). Grobmaterial wird dabei zurückgelassen. Bei Sand geschieht dies im Wesentlichen durch Saltation, also durch die springende Bewegung und durch Reptation. Akkumuliert wird der Sand in Form von Dünen, Sandmeeren oder Windrippel. Tone und Schluffe werden dagegen bei turbulenter Luft durch Suspension über weite Strecken transportiert. Die Korrasion beschreibt die mechanische Beanspruchung der Gesteinsoberfläche durch bewegtes Material, wie Sandkörner oder Staub. Dieses vom Wind bewegte Material wirkt dabei wie ein Sandstrahlgerät, dass die Gesteinsoberfläche durch Windschliff verändert. Es entstehen Windkanter, Pilzfelsen und Yar-

dangs (vgl. BLÜMEL, 2013). Wie schon erwähnt ist auch Wasser entscheidender Faktor für die Reliefformung in den Wüsten. Niederschläge treffen dabei in Form von Starkregen oder kurzlebiger Schauer auf und verursachen einen heftigen Oberflächenabfluss, die starke Abspül-

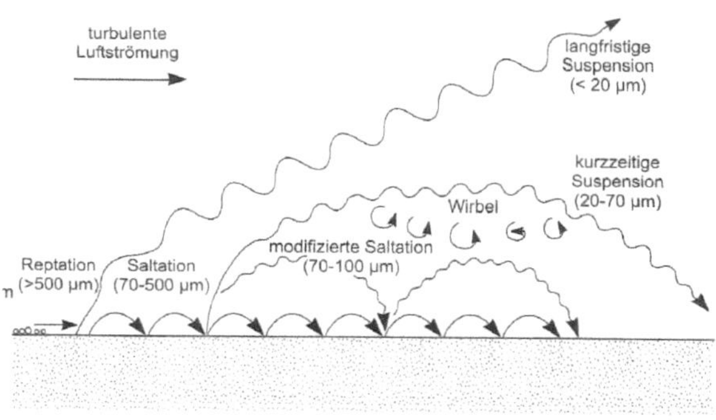

Abb. 7 Arten des Windtransports. (Quelle: SCHULTZ 2000, 371)

und Umlagerungsprozesse verursachen und große Mengen an Sand, Kies und Gerölle transportieren. Ein Beispiel sind die Schwemmfächer in gebirgigen Wüstenregionen an den Unterhängen und Gebirgsfüßen (vgl. BLÜMEL, 2013). Die Landschaftsformen werden also von Fels- und Steinwüsten, welche als Hamada bezeichnet werden, von Kieswüsten (Serir), Sandschwemmebenen, Ergs (also die großen Sand- und Dünenwüsten), sowie von Salztonwüsten (vgl. BLÜMEL, 2013) geprägt und von steilen

Flusstälern (Trockentäler) und Schluchten durchzogen. Diese werden in Nordafrika als Wadis bezeichnet (vgl. PRESS & SIEVER, 2008).

3.2.3 Vegetation

Die Trockenheit in den Wüsten hat eine geringe Vegetation zur Folge, und der Deckungsgrad der Vegetation liegt unter 10 %, in Halbwüsten zwischen 10 und 15 % (vgl. SCHULTZ, 2000). Entscheidend für das Wachstum der Pflanzen ist nicht die Höhe des Niederschlags, sondern das in den Boden eindringende und dort verbleibende Wasser. So sind steinige oder sandige Böden für den Pflanzenwuchs mehr geeignet als tonige. Nehmen die Niederschläge ab, so ist die Wasserzufuhr für die Pflanzen nicht mehr gewährt und die Vegetation geht von diffusen zur kontrahierten über (vgl. Abb. 8) (vgl. MÜLLER-HOHENSTEIN, 1974). Man kann die Vegetation in zwei Hauptgruppen einteilen. Die perennierenden Pflanzen, also die Dauervegetation und die ephemeren, kurzlebigen Pflanzen, die unterirdisch in Form von Zwiebel, Knollen oder Samen überdauern auf der anderen. Wobei die Zahl der perennierenden Pflanzen sehr gering ist (vgl. GOUDIE, 2002). Die meisten Pflanzen gehören zu den Xerophyten wie z. B. die Kakteen. Diese Pflanzen sind sehr trockenheitsresistent und die Verdunstung wird durch Schutzanpassung sehr stark eingeschränkt, beispielsweise durch dichte Behaarung, wachsartige Blattoberfläche oder durch Abstoßen der Blätter (vgl. GOUDIE, 2002). Die holzigen Pflanzen, wie Sträucher

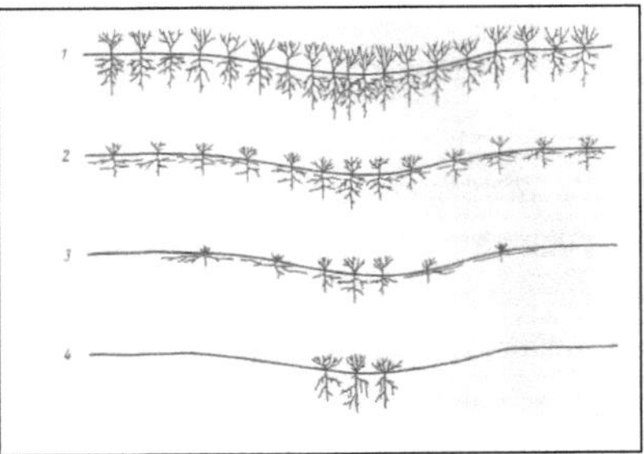

Abb. 8 Schematische Darstellung des Übergangs der „diffusen" (1 u. 2) in eine „kontrahierte" (3 u. 4) Vegetation. (Quelle: MÜLLER-HOHENSTEIN 1979, 113).

und Halbsträucher, nehmen mit abnehmenden Jahresniederschlägen zu und treten daher viel häufiger in Wüsten und Halbwüsten auf als in Grassteppen oder Dornsavannen (vgl. SCHULTZ, 2000). Der Anteil der unterirdisch wachsenden Pflanzen ist somit größer, als der in humideren Gebieten (vgl. MÜLLER-HOHENSTEIN, 1979).

3.2.4 Tierwelt

Die Artenvielfalt der Tierwelt in den Wüsten ist bei weitem größer als die der Pflanzen, aber wenn man sie mit Faunen anderer Lebensräume vergleicht, ist sie dennoch sehr gering. Im Allgemeinen kann man sagen, je größer der Dürrestress wird, umso kleiner wird die Artenanzahl. Die häufigsten Tierarten in den ariden Lebensräumen sind die Kleinsäuger, wie die Wüstenspringmäuse, sowie Spinnen und Insekten, die in allen Wüsten der Erde vorkommen (vgl. SCHULTZ, 2002). Tiere, die in solchen scheinbar unwirtlichen Gegenden beheimatet sind, müssen sich vor Überhitzung schützen, extreme Temperaturschwankungen aushalten, gegen den starken Wind ankämpfen, der auch noch die Austrocknung fördert und mit dem geringen Nahrungsangebot auskommen (vgl. MARTIN). Wegen der sehr spärlichen und unsicheren Futterverfügbarkeit haben viele Tierarten die Fähigkeit entwickelt, lange Hungerzeiten mit Hilfe ihrer körpereigenen Reserven zu überbrücken. Darunter gehören zum Beispiel die Kamele. Andere Tierarten, wie Paarhufer oder Vögel wiederum, begeben sich täglich oder über wenige Tage auf weite Wanderung, beispielsweise zwischen Flächen mit Nahrungsangeboten und Wasserstellen (vgl. SCHULTZ, 2000). Die Fähigkeit zu hungern sichert ebenfalls das Überleben in der Wüste. So können Schlangen, Skorpione und Spinnen bis zu einem Jahr ohne Nahrung auskommen. Bei der Aufrechterhaltung des Wasserhaushaltes wird zwischen Wasserzufuhr und Wasserabgabe unterschieden. Bei der Wasserzufuhr wird dabei nochmals zwischen Tieren unterschieden, die täglich trinken müssen, die nur gelegentlich trinken müssen, die ihrer Nahrung gebundenes Wasser entnehmen und die Tiere, die wasserreiche Nahrung aufnehmen (vgl. MARTIN). Damit sich die Tiere vor extremer Hitze schützen können, bedarf es der Fähigkeiten zur Drosselung der Wasserabgaben und der Regulierung ihrer Körpertemperaturen. Diese erreichen sie nur durch morphologische, physiologische Anpassung oder durch Anpassung im Verhalten, indem sie in den Boden ausweichen und dort den extremen Tagestemperaturen entgehen. Zudem haben es größere Säugetiere leichter in der großen Hitze ihre Körpertemperatur zu regulieren, da zum Einen die Wärmeaufnahme in Bezug auf die Körpermasse geringer und zum Anderen die Kühlung durch Transpiration leichter ist als bei kleineren Tieren. Deshalb sind die meisten Tiere wie Wüstenspringmäuse, Fenneke, Wirbeltiere und Spinnentiere nachtaktiv. Ebenso kann durch die Isolierung der Außenschicht, wie etwa durch Fell, Federn oder Schuppen, die Verdunstung sehr stark vermindert werden und sich so der Schutz vor unerwünschten Wasserverlust gewährleistet werden (vgl. SCHULTZ, 2000).

3.3 Dornsavannen

Dornsavannen liegen zwischen den tropischen Wüsten und Halbwüsten, die sich auf der einen Seite polwärts anschließen und äquatorwärts nahtlos in die angrenzende Feuchtsavannenzone der sommerfeuchten Tropen übergeht. Sie liegen auf der Nordhemisphäre zwischen 14°-17 ° Breite und auf der feuchteren Südhemisphäre zwischen 19°-22° Breite. Dornsavannen sind besonders in Afrika, vor allem im Bereich der Sahelzone bis Somalia und Ostkenia verbreitet, aber auch in den Trockengebieten Nordmexikos und der südwestlichen USA, sowie in Australien sind sie zu finden (vgl. HORNETZ & JÄTZOLD, 2003).

3.3.1 Klima

Das Klima der Dornsavanne ist trocken mit circa 1 bis 4 humiden Monaten und 8 bis 11 ariden Monaten. Ausnahmen wie die Dornsavannen im nördlichen Mittelamerika, in Australien, Ostkenia, Botswana und Namibia haben sogar 12 aride Monate. Hier herrschen ganzjährig hohe Temperaturen mit sehr heißen Sommern und warmen Wintern mit einer kurzen Regenzeit. Diese Regenzeiten sind auf die ITC (Tiefdruckrinne in Äquatornähe im Bereich der aufeinandertreffenden Passatwinde) zurückzuführen. Dabei fallen im Jahresdurchschnitt 200-500 mm Niederschlag bei einer mittleren Monatstemperatur von > 18 °C (vgl. HORNETZ & JÄTZOLD, 2003). So herrscht in den Dornsavannen Tageszeitenklima mit Tagessschwankungen von max. 18 °C.

3.3.2 Bodenbildung/Relief

Dornsavannen werden mehr oder weniger von einer lichten Grasvegetation bedeckt, daher spielt der Wind kaum mehr eine Rolle für die Bodengenese. Umso wichtiger wird der Faktor Wasser, das „über eine Umverteilung des Niederschlagswassers [ ] und über damit verbundene Abspülung und Sedimentation kleinräumig beträchtlich variierende Feuchteunterschiede im Boden und [ ] beachtliche Materialumlagerungen bewirken kann" (SCHULTZ 2000, 377). Wegen der geringen Niederschläge und kurzen Regen- und langanhaltenden Trockenzeiten finden chemische Verwitterungsprozesse für die Aufbereitung des Feinbodenmaterials nur in relativ kurzer Zeit statt. Dadurch enthalten die Böden Restminerale, höhere Nährstoffbestände und wenig intensiv verwitterte Tonminerale. Die Bodentypen der Dornsavanne sind, ebenso wie in den Wüsten und Halbwüsten, Arenosols, Regosols, Calcisols und Gypsisols und in Senken Tonböden als sogenannte Vertisols. Außerdem bilden sich braune-graubraune Cambic-Arenosols aufgrund weniger intensiven Verwitterung (vgl. HORZNETZ & JÄTZOLD, 2003). In arideren Gebieten kann es zu Salzanreicherung in den Böden kommen, so dass Polygonetze mit Salzausblühungen entstehen können (vgl. MÜLLER-HOHENSTEIN, 1979). Alle Böden der Dornsavanne sind humusarm, was an der dünnen Streuauflage und den niedrigen Gehalt an organischen Bodensubstanzen liegt. Zwar finden mechanische Zerkleinerungsvorgänge durch Termiten und Ameisen ganzjährig statt, doch die Zersetzungsvorgänge halten länger an als die Produktionsvorgänge der Pflanzen. D. h. der größere Teil der Abfälle verschwindet innerhalb eines Jahres. Wie auch in den Wüsten dominieren in der Dornsavanne die physikalischen Verwitterungsprozesse, wie die Salz- und Temperaturverwitterung (vgl. SCHULTZ, 2002). In den Dornsavannen dominieren Flächenreliefs, die durch sehr unterschiedliche geomorphologische Prozesse, vor allem durch fließendes Wasser, entstanden sind. Spülflächen, Spülmulden und ausgedehnte Rumpfflächenlandschaften mit Inselbergen, welche meist von kleinflächigen Pedimenten umgeben sind, kommen hier vor. Des Weiteren gehören Bergländer und Schichtstufen, Lavadecken und Akkumulationsebenen zu den Landschaftsformen, die durch tektonische Vorgänge geprägt wurden. Insbesondere haben die Rumpfbergländer in Ostafrika sowie der Sahelzone weitgespannte Bergfußflächen und Glacis. Dornsavannen befinden sich ebenso im Bereich tektonischer Senkungsfelder wie beispielsweise die Indus-Ganges-Ebene oder das Kalahari Becken (vgl. HORNETZ & JÄTZOLD, 2003).

3.3.3 Vegetation

Die Vegetation in den Dornsavannen wird von einer schütteren Grasdecke und vereinzelt durch stehende kleinwüchsige Sukkulentenarten, Bäume und Dorngehölze, wie Sträucher und Zwergsträucher, bedeckt. Häufige Baum- und Straucharten sind die Leguminosen, wie die Akazien (vgl. SCHULTZ, 2000). Holzpflanzen schützen sich gegen das Abfressen von Tieren, in dem Sprosse und auch Blätter zu Dornen umgebildet werden. Feinfiederblättrigkeit, Verdickung der Rinde und Blätter mit Wachsüberzug schützen vor dem Austrocknen (vgl. HORZNETZ & JÄTZOLD). Auch verlieren die meisten Holzpflanzen ihre Blätter und die oberirdischen Sprossteile der Gräser verdorren.

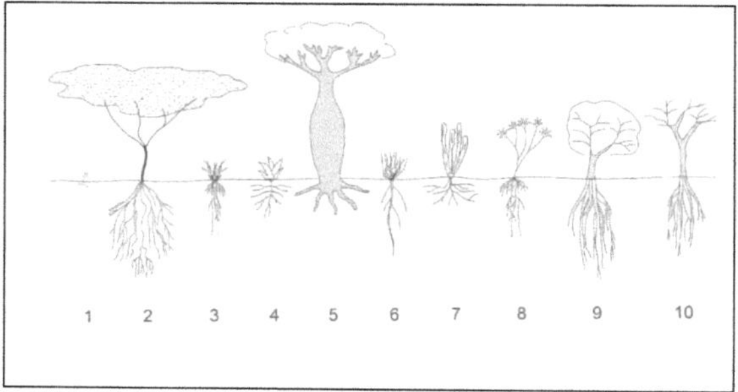

Abb. 9 Charakteristische Lebensformen der Dorn-Sukkulenten-Savanne. **1.** Pluviotherophyten, **2.** Dornige Feinfiederlaub-Schirmbäume/-sträucher, **3.** Hartgräser mit blattscheide-umhüllten Erneuerungsknospen, **4.** Blattsukkulente, **5.** Wasserholzige Fallaubbäume, **6.** Rutensträucher, **7.** Stammsukkulente, **8.** Sukkulentenblättrige Schopfbäume, **9.** Immergrüne Bäume/Sträucher mit tiefgreifende Wurzelsystem, **10** Regengrüne, häufig verdornte Bäume/Sträucher. (Quelle verändert nach: SCHULTZ, 2000)

Viele weitere Arten können durch Wasserspeicherung Dürreperioden aushalten, wie beispielsweise Flaschenbäume, Kakteen, Euphorbien oder Aloe. Andere wiederum haben trichterförmige Kronen die Regenwasser auffangen und den eigenen Wurzeln zuleiten. Abb. 9 zeigt die häufigsten Vegetationsvorkommen in der Dornsavanne (vgl. SCHULTZ, 2000).

3.3.4 Tierwelt

In den Dornsavannen findet man überwiegend kleinere Tiere die man nach der Art der Nahrungsgrundlage unterscheiden kann. Die Gras- und Laubfresser, wie Antilopen und Gazellen oder Gnus in Afrika, die saisonal weite Wanderungen mit dem Regen oder zu den Wasserstellen unternehmen. Auch die Riesen- oder Steppenkängurus Australiens oder die Maultierhirsche und der kleine Pampahirsch in Nord- bzw. Südamerika gehören ebenfalls zu den Grasfressern. Eine weitere Gattung der Tierwelt sind die körner- und kräuterfressenden Laufvögel, wie Strauße und Trappen, Emus und Nandus. Die reichhaltige Spinnen- und Insektenfauna ist charakteristisch für alle Savannen, wie beispielsweise die Termiten, Heuschrecken, Ameisen oder Bienen, und sind auch in der Dornsavanne vertreten. Die Trockenzeit überdauern sie durch trockenresistente Eier oder Puppen (vgl. SCHULTZ, 2002). Raubtiere wie Löwen, Leoparden, die australischen Dingos oder die nordamerikanischen Kojoten, die sich im niedrigen Grasland verstecken, findet man ebenso in dieser Art der Trockengebiete, wie Reptilien (vgl. HORNETZ & JÄTZOLD, 2003). Viele dieser Tiere haben sich an die Trockenheit angepasst und sich das Leben in den Trockengebieten gesichert. Die Anpassungsstrategien wurden in 3.2.4 ausführlicher beschrieben.

4. Landnutzung in den tropisch/subtropischen Trockengebieten

Die subtropisch/tropischen Trockengebiete liegen jenseits der agronomischen Trockengrenze. Gehölzarten aus wildwachsenden Bäumen und Sträuchern werden zur Gewinnung von Nahrung, Tierfutter oder Heilmittel genutzt und stellen eine Art Schutzstrategie gegenüber den Risiken für den Regenfeldbau dar (vgl. SCHULTZ, 2000). Regenfeldbau wird in Gebieten, wie der Sahelzone, betrieben. Allerdings werden hier Nutzpflanzen angebaut, die nicht sehr viel Wasser beanspruchen, wie beispielsweise Erdnüsse oder Bohnenarten. Traditionell stehen aber die Weidewirtschaft und der Bewässerungsfeldbau im Vordergrund. Die häufigste Form der Weidewirtschaft, die man auch in den subtropischen Steppen vorfindet, ist die Wanderweidewirtschaft des Nomadismus und Halbnomadismus. Der Nomadismus ist eine der ältesten Wirtschaftsformen und ist geprägt durch regelmäßige Wanderbewegungen, überwiegend im geschlossenen Familienverband samt Vieh, zum Zweck der Weidenutzung. Die Niederlassung ist temporär von wenigen Tagen bis hin zu 20 Jahren (vgl. WIEMANN). Dagegen wird beim Halbnomadismus von den Familienmitgliedern, meistens Frauen und Kinder, Ackerbau betrieben. Die Männer hingegen wandern mit ihren Herden, die in den Wüsten und subtropischen Steppen aus Kamelen, Schafen und Ziegen bestehen, zu mehreren Weidegebieten (vgl. SCHULTZ, 2002). In den Wüsten ist die Oasen-Bewässerungswirtschaft die einzige Form der agrarischen Nutzung, da in vielen Gebieten fruchtbare Böden vorhanden sind und so hohe

Flächenerträge durch zahlreiche Feld- und Baumfrüchte garantiert sind. Diese Methode versorgt viele Menschen auf relativ kleinen Flächen. Über Ableitungen aus Fremdlingsflüssen, Entnahme von Grundwasser oder Auffangen von Regenwasser kann das Bewässerungswasser gewonnen und durch Windmotorpumpen oder Dieselmotorpumpen auf die Felder gefördert werden (vgl. SCHULTZ, 2002). Auch in semi-ariden Gebieten, also in den Dornsavannen und Steppen finde man noch Nomadismus und Halbnomadismus. Vor allem im Südsahara-Sahelraum und im östlichen und in südwestlichen Afrika. Hier wird die Weidewirtschaft überwiegend durch Transhumanz betrieben. Die Herden bestehen, im Gegensatz zu den Wüstennomaden, aus Rindern (vgl. SCHULTZ, 2000). Wander- und Wechselfeldbau reichen vom Regenwald bis an die agronomische Trockengrenze in der Dornsavanne. Shifting Cultivation, also der Wanderfeldbau ist eine Form, bei der nicht nur die Felder, sondern auch die Siedlungen nach einer bestimmten Zeit, wenn die Bodenfruchtbarkeit ausgeschöpft ist, verlassen werden. Hirse, Kuherbsen und Maniok werden hier zum Eigenbedarf angebaut. Eine weitere Form der Landnutzung ist die der Landwechselwirtschaft (land rotation), bei der die Siedlungen stationär bleiben und nur noch die Felder wandern. In der Kolonialzeit entwickelten sich landwirtschaftliche Großbetriebe in Form von Plantagen und Farmen, wo Verkaufspflanzen wie Sisal oder Tabak angebaut wurden. Ranching, eine verbreitete Form der extensiven Weidewirtschaft findet man heute in den tsetsefreien Dornsavannen, im südlichen Afrika, Ostafrika, Australien und Südamerika. Auf Flächen von bis zu 20.000 ha werden überwiegend Rind- und Schafsherden gehalten. Allerdings ist Ranching im Vergleich zum Nomadismus in extremen Trockengebieten nicht mehr möglich (vgl. SCHULTZ, 2000).

5. Literaturverzeichnis

BLÜMEL, W. (2013): Wüsten. Stuttgart

ENGELMANN, D.; SCHOLZ, F. (2009): Diercke Spezial. Geoökozonen. Braunschweig

GOUDIE, A. (2002): Physische Geographie. Eine Einführung. Heidelberg; Berlin

GROTZINGER, J.; JORDAN, T. H.; PRESS, F. u. SIEVER, R. (2008): Allgemeine Geologie. Heidelberg

HORNETZ, B.; JÄTZOLD. R. (2003): Savannen-, Steppen- und Wüstenzonen. Braunschweig

MÜLLER-HOHENSTEIN, K. (1979): Die Landschaftsgürtel der Erde. Stuttgart

SCHEFFER, F.; SCHACHTSCHABEL, P. (2010): Lehrbuch der Bodenkunde. Heidelberg

SCHULTZ, J. (2000): Handbuch der Ökozonen. Stuttgart

SCHULTZ, J. (2002): Die Ökozonen der Erde. Stuttgart

ZECH, W.; HINTERMAIER-ERHARD, G. (2002): Böden der Welt. Ein Bildatlas. Heidelberg. Berlin

ZEPP, H. (2014): Geomorphologie. Paderborn

Internetquellen:

EHRMANN, O: Bildarchiv Boden-Landwirtschaft-Umwelt
< http://www.bildarchiv-boden.de/weltweit/b4.htm> (12.03.2014)

MARTIN, M. (2013): Die Tiere der Wüsten
<http://www.michael-martin.de/michael_martin/de/wissen/index.html> (09.03.2013)

WIEMANN, N. (2012): Infoblatt Nomadismus
<mhtml:file://F:\Nomadismus.mht> (08.03.2014)

WIKIPEDIA (2014): Subtropische/Tropische Trockengebiete
<http://de.wikipedia.org/wiki/Tropisch_/_subtropische_Trockengebiete> (12.03.2014)

Die Klima- und Vegetationszonen:
<http://homepage.univie.ac.at/gottfried.menschik/Klima-%20und%20Vegetationszonen.ppt>
(08.03.2014)

BEI GRIN MACHT SICH IHR WISSEN BEZAHLT

- Wir veröffentlichen Ihre Hausarbeit,
  Bachelor- und Masterarbeit

- Ihr eigenes eBook und Buch -
  weltweit in allen wichtigen Shops

- Verdienen Sie an jedem Verkauf

Jetzt bei www.GRIN.com hochladen
und kostenlos publizieren